STRAUCH PÄONIEN

Strauch-Päonien sind inzwischen durch viele Stauden-
und Baumschul-Gärtnereien sowie durch gut sortierte Gartencentren zu beziehen,
die auf ein breites Angebot von Pflanzen Wert legen.

Die im Textteil abgebildeten chinesischen Scherenschnitte wurden
dem Verlag freundlicherweise von Frau Anny Jacob zur Verfügung gestellt.

CIP-Titelaufnahme der Deutschen Bibliothek

Strauch-Päonien: Aristokraten der Blumenwelt/Fotogr. von
Josh Westrich. Text von Sir Peter Smithers. – Köln: DuMont, 1990

Übersetzung der Einführung aus dem Englischen: Christa Lück und Doris Meyer

Graphische Gestaltung: Dirk Rüther
Reproduktionen: Specht-Reprotechnik, Karlsruhe
Satz: Fotosatz Harten, Köln
Buchbinderische Verarbeitung: Bramscher Buchbinder Betriebe
Druck: Rasch, Bramsche

Printed in Germany ISBN 3-7701-2490-1

STRAUCH PÄONIEN

ARISTOKRATEN DER BLUMENWELT

FOTOGRAFIEN VON JOSH WESTRICH
TEXT VON SIR PETER SMITHERS

DUMONT BUCHVERLAG

Sir Peter Smithers in seinem Garten in Vico Morcote vor der Strauch-Päonie SILVER SAILS.
Die Abbildung links, fotografiert von Sir Peter Smithers, zeigt die Strauch-Päonie DOJEAN.

牡丹

Die Strauch-Päonie

Wer die wunderschönen Fotos von Josh Westrich betrachtet und den Begriff ›Päonie‹ liest, wird zunächst an die Pfingstrose denken. Sie erblüht im Frühling in den meisten europäischen Gärten. Aber was ist eine Strauch-Päonie *(Paeonia suffruticosa),* die im englischen Sprachraum ›Tree-Peony‹ – Baum-Päonie – genannt wird? Sie ist kein Baum, sondern ein Strauch, der im Laufe der Jahre verholzt. Im Frühling treibt er Blätter und Blüten, im Herbst fällt das Laub ab, und die Pflanze steht kahl, bis es wieder Frühling wird. Die Strauch-Päonie beginnt ihr Wachstum als kleiner Zweig, der eine riesige Blüte trägt; sie kann im Laufe der Jahre eine Höhe von zwei oder gar drei Metern und einen Durchmesser von acht Metern und mehr erreichen. Ein so herangewachsener Riese trägt zwei- bis dreihundert Blüten. Allerdings gilt das nur für Pflanzen, die über lange Jahre herangezogen und mit größter Fachkenntnis gepflegt wurden. Solche Exemplare stehen in den Tempelgärten Japans. In Europa sind die Pflanzen meist von geringerer Größe; ein kräftiger Strauch trägt immerhin dreißig bis hundert Blüten.

Trotz ihrer auffallenden Schönheit ist die Strauch-Päonie in Europa nicht besonders verbreitet. Wahrscheinlich assoziieren die meisten Leser den Namen ›Mudan‹, wie die Strauch-Päonie in China heißt – ›Botan‹ ist ihr Name in Japan –, eher mit zahllosen Darstellungen in der asiatischen Kunst als mit der lebendigen Pflanze. Bei den Dekors auf chinesischer und japanischer Keramik, in der Malerei, auf Stoffen und Tapeten, auf Lackarbeiten, bei Skulpturen aus Jade und anderen Materialien, auch in der ostasiatischen Dichtkunst – überall ist die Strauch-Päonie seit Jahrhunderten ein ständig wiederkehrendes Motiv. Auf chinesischen Tapeten beispielsweise wird die Darstellung der Pflanze mit dünnen Zweigen und ungeheuren Blüten fast zur Karikatur.

Die chinesische Kunst ist von einer Symbolik durchdrungen, die für den Nicht-Eingeweihten schwer erkennbar ist. In dieser Symbolik verkörpert die Strauch-Päonie den Frühling, der Lotos den Sommer, die Chrysantheme den Herbst und die sogenannte Pflaumenblüte – in Wirklichkeit eine der Pflaume verwandte Pflanze namens *Prunus mume* – den Winter. Die Strauch-Päonie steht im chinesischen Kalender für den Monat März, obwohl sie im April und Mai blüht. In einer anderen Symbolik verkörpert der Päonien-Strauch den ›König der Blumen‹, so wie der sagenhafte Phönix den ›König der Vögel‹ repräsentiert. Beide erscheinen häufig gemeinsam, wie z. B. in den Stickereien der Aussteuer kaiserlicher Prinzessinnen. Diese Symbolik erreichte ihren Höhepunkt während der Ming-Dynastie (1368–1644) und in der Kangxi-Periode der Qing-Zeit (1661–1722) und fand mit vielen anderen ›Chinoiserien‹ auch Eingang in die europäische Kunst. So spielt die Strauch-Päonie eine wichtige Rolle im Dekor des vertrauten europäischen Rosenporzellans.

Die chinesischen und japanischen Künstler und Kunsthandwerker, die Päonien-Motive in ihre Arbeit aufnahmen, waren nicht immer Pflanzenkenner. Obwohl sie scheinbar in der frühesten Periode nach der Natur gearbeitet haben, nahmen sie oft ganz unbedeutende Varietäten als Modell, so als ob ein Fotograf oder Künstler von heute mit einem Strauß aus einem Blumenladen arbeiten würde, ohne etwas von der Pracht der neuesten Züchtungen zu wissen.

Im Laufe der Zeit dienten die lebenden Pflanzen häufig nur noch als Vorbild für stilisierte Muster, die dem erfahrenen Gärtner lebloser erscheinen als das Porzellan, das sie schmücken. Dies ist wenig mehr als eine rituelle Verbeugung vor der Schönheit des Originals.

Die Geschichte der Strauch-Päonie in China

Die Strauch-Päonie ist nie – wie die ihr verwandte Stauden-Pfingstrose – eine Blume der Floristen gewesen. Sie war immer – und ist es noch – eine Pflanze für den anspruchsvollen Kenner. Sie eine kaiserliche Pflanze zu nennen, ist keine Redensart, denn tatsächlich stellte sie im 6. Jahrhundert ein Sui-Herrscher unter seinen kaiserlichen Schutz. In dieser Zeit wurden bereits zahlreiche ausgesuchte Varietäten für bis zu 100 Unzen Gold pro Pflanze verkauft. Solches Raffinement läßt auf eine lange und weit zurückreichende Geschichte von Züchtung und Selektion schließen.

Sehr viel später, in der Ming-Zeit, gab es eine fundierte Literatur über die Mudan, in der viele Varietäten detailliert beschrieben wurden. Namen wie ›Spitzenreiter in Rot‹, ›Tanzender grüner Löwe‹, ›Siebenschatz-Krone‹, ›Smaragd-Schmetterling‹, ›Duft des gesegneten Himmels‹, ›Schwankender unsterblicher Pfirsich‹ und ›Großartigeres Rot der Wang-Familie‹ bezeugen den Stolz und die staunende Bewunderung, mit der die glücklichen

Besitzer ihre Pflanzen betrachteten. Für diese Namen sowie für einige Übersetzungen von Dokumenten aus dem 15. Jahrhundert, die Strauch-Päonien beschreiben, danken wir Herrn Dr. John Marney, Associate Professor für Chinesisch an der Universität Oakland, California; seine Übertragung ins Amerikanische wurde für dieses Buch ins Deutsche übersetzt.

Welche Wildformen waren es, aus denen die chinesischen Züchter jene außerordentlichen Blüten entwickelten? Bis vor relativ kurzer Zeit gab es nur eine Teilantwort auf diese Frage. Man fand Wildformen der Mudan, hauptsächlich rosafarbene und rote, in den Höhenlagen der Berge Westchinas, in Gansu, Sichuan und Shaanxi. Sie wachsen durch niedriges Buschwerk hindurch, und vermutlich stammt daher ihr wuchernd-knorriges Erscheinungsbild in der chinesischen Kunst. Gab es jedoch auch einen weißen Urahn der Strauch-Päonien? Das Bild war unvollständig, bis der Pflanzensammler Reginald Farrer 1917 in den Bergen von Südwest-Gansu eine wunderschöne weiße Päonie mit einem kastanienbraunen ›Auge‹ auf jedem Blütenblatt fand.

Er versäumte es, sich Samen von dieser Pflanze zu sichern, und erst in den Jahren zwischen 1932 und 1939 konnte der amerikanische Sammler J. F. Rock, der damals in einem Lamakloster in Choni auf etwa 2500 m Höhe lebte, Samen in das Arnold-Arboretum der Harvard-Universität schicken.

Diese Samen stammten nicht von wildwachsenden Pflanzen, sondern aus dem Klostergarten. Aber Rock notierte, daß alle Blüten ungefüllt waren und ihm »auffiel, daß sie mir wie Wildformen vorkamen. Die Lamas erzählten mir, daß sie aus Gansu stammten«. Es ist daher wahrscheinlich, daß es sich um die 1917 von Farrer entdeckte Päonie handelte. Bedauerlicherweise sind die Pflanzen von Choni inzwischen vermutlich ausgestorben. Die Lamas kamen ums Leben, als Muslime das Kloster bei einem Angriff bis auf die Grundmauern niederbrannten. Es ist zu hoffen, daß eines Tages die Suche nach Farrers weißer, wildwachsender Mudan wieder aufgenommen wird. Meiner Ansicht nach ist Rocks Pflanze eine der schönsten unter allen wildwachsenden Blumen (Seite 90); im Garten wächst sie äußerst robust und kräftig und blüht ausgesprochen üppig. Sie wird heute in verschiedenen Formen kultiviert, einige sind wahrscheinlich Sämlings-Varianten jener Pflanze, die im Arnold-Arboretum gezogen wurde.

Über die frühen Stammformen der kultivierten Strauch-Päonien ist nicht viel bekannt, aber es scheint doch sicher zu sein, daß die erwähnte rosa Wildform und die weißblühende von J. F. Rock die hauptsächlichen Vorfahren unserer heutigen Pflanzen sind. Beide haben die markanten kastanienbraunen Farbmale am Grund der Blütenblätter. Vielen modernen Züchtungen aber fehlt dieses Mal völlig, wie etwa den wunderschönen reinweißen Varietäten (Seite 110). Wir wissen nicht genau, wie diese Farbmale verschwunden sind. Vielleicht gab es eine Wildform ohne Farbmale, die seitdem in der Kultur verlorenging. Möglicherweise sind die Farbmale auch durch die jahrhundertelange Selektion verschwunden. Es gibt eine kleinblütige, reinweiße Strauch-Päonie aus Sichuan, *Paeonia potaninii f. alba;* es ist denkbar, wenn auch nicht wahrscheinlich, daß die Züchter einst diese Pflanze verwendeten. In der westlichen Welt nahmen die Gärtner viele Jahre lang an, man könne keine Hybriden aus der Strauch-Päonie und der Stauden-Päonie züchten. In diesem Jahrhundert aber gelang Teiji Itoh aus Japan diese Kreuzung, die in den USA inzwischen mit bemerkenswertem Erfolg nachvollzogen wird. Möglicherweise haben die chinesischen Züchter zu irgendeinem Zeitpunkt Gene von Stauden-Päonien in ihre Zucht eingekreuzt. Bei Pflanzen, die wie die Strauch-Päonie schon seit Anbeginn der Zivilisation kultiviert wurden, werden wir wohl keine präzise Antwort mehr auf Fragen nach dem Ursprung so vieler verschiedener Formen und Farbtöne bekommen.

Seit dem Ende der Kulturrevolution ist in China wieder ein zunehmendes Interesse an Gartenbau und botanischer Forschung zu verzeichnen. Das Zentrum der Mudan-Züchtung war seit den frühesten Zeiten die alte Kaiserstadt Luoyang, und sie ist es bis heute geblieben. Inzwischen wird die Mudan-Blütezeit im Frühling von der chinesischen Regierung sogar als Touristenattraktion offeriert. Die chinesische Züchtung war immer um riesige, gefüllte Blüten mit sich aufeinandertürmenden Schichten von Blütenblättern bemüht und um die Einführung grüner, creme-gelber und zartblauer Schattierungen in die Farbpalette der Päonien von Scharlachrot über Karmesin, Purpur und Rosa bis zu Weiß. Leider ist es eher unwahrscheinlich, daß man in Luoyang heute noch eine der alten Hybriden kaufen kann, wie etwa den ›Tanzenden grünen Löwen‹. Die einzige chinesische Strauch-Päonie, die ich erwerben konnte, trägt den Namen ›Roter Stern des Ostens‹. Offenbar hat die unglückliche Pflanze ihren Namen der marxistischen Ideologie anpassen müssen.

Die Strauch-Päonie in Japan

Die in China kultivierte Mudan gelangte mit reisenden buddhistischen Mönchen zur Zeit des Kaisers Shomu (724–749) nach Japan. Hier wurde ihr Name zu ›Botan‹, und so heißt sie noch heute. Vermutlich kamen zunächst die getrockneten Wurzeln ins Land, die man für medizinische Zwecke nutzte. Im 10. Jahrhundert war die Kultur der Botan schon recht weit verbreitet. Jedoch erst seit der Einführung des Zen-Buddhismus von China nach Japan im 13. Jahrhundert stieß sie bei den japanischen Züchtern auf größeres Interesse. Vorerst blieb sie eng an die Tempelgärten gebunden. Die bekannteste und vielleicht größte Sammlung befindet sich im Sekkeko-ji-Tempel in der Präfektur Nara.

Als die Teezeremonie und die Kunst des Ikebana in Japan populär wurden, gehörte die Botan wie selbstverständlich dazu und war bald in Adels- und Künstlerkreisen weit verbreitet. Im späten 17. Jahrhundert wurde sie endlich auch zu einer Gartenpflanze für einen größeren Kreis. Das führte zu starker Intensivierung der Zucht; jede Provinz strebte danach, eine eigene charakteristische Richtung zu entwickeln. 1695 sind 168 weiße Botan-Varietäten, 166 rote (wahrscheinlich einschließlich der rosafarbenen), 149 in verschiedenen Farben und 11 ›alte‹ Varietäten verzeichnet.

Der japanische Geschmack unterscheidet sich erheblich von dem der Chinesen – und damit auch die Züchtungen. Schon früh entwickelte sich eine eigene Rasse von japanischen Strauch-Päonien, die von chinesischen Pflanzen abstammten. Die Japaner bevorzugten einfache Blüten, wenn sie auch die von den chinesischen Züchtern geschätzten gefüllten Blüten nicht mißachteten. Ihre Aufmerksamkeit galt besonders dem schönen Ring goldener Staubbeutel, den ›Jungen‹, die die ›Mädchen‹ umgaben, der zentralen Kapsel im Herzen der Blüten, die rot oder rosa sein kann, kastanienbraun, reinweiß oder gelegentlich auch grün.

Die Strauch-Päonie in den Gärten der westlichen Welt

Eigentlich gebührt der Strauch-Päonie der Titel ›Älteste systematisch kultivierte Zierpflanze‹. Aber es dauerte Jahrhunderte, bis sie in Europa durch Zeichnungen und Beschreibungen, die Missionare und Kaufleute aus China sandten, bekannt wurde. Bis 1786 wurde kein Versuch unternommen, sie zu kultivieren. In jenem Jahr engagierte Sir Joseph Banks, ein Pionier der Naturwissenschaften, einen Arzt der East India Company und bat ihn, Päonien für die königlichen Kew-Gardens bei London zu erwerben – ein der aristokratischen Blume angemessener Platz. Nach langer Seereise auf einem Segelschiff der East India Company erreichten die Pflanzen 1787 England. Es folgte die Anpflanzung von Strauch-Päonien in einer Anzahl englischer Gärten; darunter waren 20 Varietäten mit vornehmsten Namen, die der Forscher Robert Fortune für die Royal Horticultural Society in London erworben hatte. 1835 stand bereits eine 33jährige Pflanze im Garten von Sir Abraham Hume, die sich auf einen Durchmesser von über vier Metern ausdehnte und 320 Blüten trug.

Es dauerte jedoch noch bis zur Weltausstellung 1889 in Paris, daß die Strauch-Päonie weiteren Kreisen in Europa bekannt wurde. Dort war damals eine besonders umfassende Schau chinesischer Sorten zu sehen, die französische Gärtner inspirierte, mit der Züchtung von Strauch-Päonien zu beginnen. Das erklärt, weshalb die ›europäischen‹ Strauch-Päonien fast alle Hybriden chinesischer Abstammung sind und meist große gefüllte Blüten hervorbringen. In französischen Gärten waren sie weit verbreitet und wurden schließlich sogar wieder nach China und Japan re-exportiert. Solche, heute riesige Pflanzen sind noch in einigen alten Gärten Westeuropas zu finden. Eine besonders umfassende Sammlung der alten europäischen Hybriden besitzt die Baumschule von Michel Rivière bei Lyon, dessen Vater sich auf diese Pflanzen spezialisiert hatte; Michel baute diese Sammlung und Zucht weiter aus (Seite 106).

Japan hatte sich über viele Jahrhunderte der Außenwelt verschlossen, und es dauerte – von einer Ausnahme abgesehen – bis zum Ende des 19. Jahrhunderts, daß japanische Pflanzen, und damit auch die Strauch-Päonie, für Gärtner der westlichen Welt zugängig wurden. Die Ausnahme: 1844 schickte Philip von Siebold, damals für die niederländische East India Company in Japan tätig, 40 elegante Botan-Varietäten nach Holland. Es waren Pflanzen von hoher Qualität aus den Kaiserlichen Gärten von Tokio und Kyoto. Sie gelangten jedoch nie zu großer Verbreitung, und da Japan keinen Außenhandel betrieb, gab es keine Möglichkeit, sie zu vertreiben. Erst 1891, nach der Öffnung Japans zum

Westen, begann der Export. Pionier war hier Professor Sargent vom Arnold-Arboretum der Harvard Universität, einer der größten Pflanzenkenner, die es je gegeben hat. Bei einem Japanbesuch in jenem Jahr trug er eine kleine Sammlung edler Varietäten zusammen und kehrte damit in die Vereinigten Staaten zurück. Die Publicity, die sich aus dieser Erwerbung ergab, bewirkte eine rege Nachfrage, und diese wiederum führte zur Publikation illustrierter Kataloge durch japanische Lieferanten. Von diesem Zeitpunkt an begann ein ständiger Export japanischer Pflanzen nach Europa und in die USA.

Obwohl die japanischen Strauch-Päonien die chinesischen an Schönheit weit übertrafen, wurden sie nie besonders häufig in westlichen Gärten angebaut. Das hängt wahrscheinlich mit ihrer Kultur zusammen, die – obwohl eigentlich nicht schwierig – nur unvollkommen beherrscht wurde und ihnen unverdient den Ruf ›schwieriger‹ Pflanzen eintrug.

Französische und amerikanische gelbe Hybriden

Die japanischen Botan-Züchter arbeiteten beharrlich über Jahrhunderte an der Vervollkommnung ihrer Pflanzen und gewannen eine Farbpalette von Scharlachrot über Karmesin bis zu Purpur, Rosa und Weiß. Sie diversifizierten die Farben durch Auslese von Sämlingen mit Streifen oder Flecken, die ›Nishiki‹ genannt wurden (Nishki gesprochen), was soviel wie ›Brokat‹ bedeutet. Allerdings war kein Gelb auf der Farbpalette. Keine einzige Spezies der Strauch-Päonie ist in Japan beheimatet, die Japaner hatten also keine Möglichkeit, an andere Arten zu gelangen, um ihre Züchtung auszuweiten. Es ist merkwürdig, daß die Chinesen während so vieler Jahrhunderte nie versucht haben, die Mudan zu einer reingelben Strauch-Päonie, *Paeonia lutea,* zu entwickeln, obwohl diese in den Bergen im Süden Chinas wild wächst. Der erste, der sich damit befaßte, war der große französische Züchter Lemoine aus Nancy. *Paeonia lutea,* die wildwachsende Strauch-Päonie Südost-Chinas, ist eine robuste, hochwachsende Pflanze des Himalaya. Sie kommt längs des Mekong-Yangzi, der Mekong-Salween-Wasserscheide und im Tal des Zangbo in

Tibet vor. Der Missionar Pater Delavay entdeckte sie 1883 in Yunnan, 1886 wurde sie von Franchet beschrieben. Die Ankunft dieser Wildpflanze in Frankreich fiel ungefähr mit der Weltausstellung in Paris und der Einführung der Mudan-Hybriden zusammen. So war es nur natürlich, daß die Franzosen Wegbereiter bei der Einkreuzung von *lutea*-Genen in die *Paeonia suffruticosa* chinesischer Herkunft wurden.

Eine beachtliche Zahl von Lemoines gelben Hybriden existiert heute noch. Einige haben gefüllte Blüten, vermutlich von der chinesischen *lutea*-Familie, andere sind einfach und stammen wahrscheinlich von japanischen *lutea*-Kreuzungen ab. Wie dem auch sei, die als erste eingeführte *Paeonia lutea* selbst war ein dürftiges Ding mit ziemlich kleinen, gelben Blüten, jede einzeln an einem Zweig, die nacheinander aufblühten und ihre Köpfe traurig herabhängen ließen. Dieser schwache Stengel ging auf viele von Lemoines Pflanzen über, ein schwerwiegender Fehler, insbesondere bei den großen gefüllten Blüten. Für die massiven Blumen aus der chinesischen Linie reichten die von *Paeonia lutea* ererbten Stengel nicht aus. Oft sind die Blüten prachtvoll (Seite 76), aber sie hängen an der Pflanze herunter, und die schwachen Stengel können nicht aufrecht stehen wie etwa Schnittblumen in der Vase. In den zwanziger und dreißiger Jahren dieses Jahrhunderts nahm Professor A. P. Saunders vom Hamilton College in Pennsylvania die Zucht von Strauch-Päonien wieder auf. Er benutzte *Paeonia lutea* und eine verwandte Spezies aus dem Himalaya, *Paeonia delavayi,* mit mahagonifarbenen Blüten. Er hatte damit beachtliche Erfolge und züchtete und benannte eine beträchtliche Anzahl großer gelber (Seiten 87, 92, 99) sowie orangefarbener (Seite 83) und braunroter Pflanzen (Seite 66), die zwischen einfach und halbgefüllt variieren. Weitere wichtige Fortschritte erzielten die Züchter Nassos Daphnis, William Gratwick und David Reath, die Farben hervorbrachten, wie es sie bei Strauch-Päonien nie zuvor gegeben hatte. Diese Züchter hatten den Vorteil, mit *Paeonia lutea var. ludlowii* arbeiten zu können, einer wesentlich besseren Art der Wildform, die in den dreißiger Jahren eingeführt worden war. Heute stehen der Züchtung viele Möglichkeiten zur Verfügung, und so werden in den USA Jahr für Jahr prächtige neue Sorten entwickelt. Eine der neuesten (Seite 61) weist z. B. eine wunderbare mauve-violette Tönung auf mit den dunklen Farbmalen einer *Paeonia suffruticosa* und der glatten Textur der Blütenblätter einer *Paeonia lutea*-Hybride. Dennoch muß gesagt werden, daß die neuen Züchtungen trotz ihrer aufsehenerregenden Farben dem Vergleich mit der Pracht und dem Raffinement der japanischen Hybriden nicht standhalten können. Vielleicht wird das in ein oder zwei Jahrhunderten möglich sein.

In den letzten Jahren haben die Japaner es nicht versäumt, die Möglichkeiten der Gen-Technologie zu nutzen. Die wichtigste Entwicklung gelang Teiji Itoh mit seinen Hybriden. Man glaubte immer, es sei unmöglich, eine Strauch-Päonie mit einer Stauden-Päonie zu kreuzen, aber Teiji Itoh ist es gelungen. Er wählte eine weiße Stauden-Hybride und eine gelbe *lutea*-Hybride. Diese Kreuzung ist in den USA oft wiederholt worden. Das Ergebnis ist eine Rasse, die – verglichen mit der Strauch-Päonie – relativ niedrig wächst, aber noch deren feste holzige Struktur und eine bemerkenswerte Farbskala hat. Von diesen Sorten sind die gelben vielleicht sogar die besten (Seite 108). Allem Anschein nach stehen wir am Beginn sehr wichtiger neuer Entwicklungen in der Diversifikation der Strauch-Päonien-Sorten.

Die Kultur der Strauch-Päonie in Europa

Die japanischen Baumschulen brachten zwischen den Kriegen herrlich illustrierte Kataloge heraus, in denen viele Varietäten der Strauch-Päonie aufgeführt waren. Wenn dann aber die bestellten Pflanzen zur Blüte gelangten, stellte sich allzuoft heraus, daß sie den angegebenen Namen nicht entsprachen. Der Grund dafür lag teilweise im Produktionssystem. Die Pflanzen wurden in Japan von Bauern gezogen, die nicht unbedingt Spezialisten auf diesem Gebiet waren. Sie wurden an Händler verkauft, die sie vermarkteten. Diese Händler hatten keine Möglichkeit zu überprüfen, was sie verkauften, wie es der Fall gewesen wäre, wenn eine Baumschule Anbau und Verkauf eigener Pflanzen betrieben hätte.

Wenn die Pflanzen schließlich eintrafen, wurden sie manchmal falsch gepflanzt. Japanische Strauch-Päonien werden durch Aufpfropfen eines Strauch-Päonien-Reises auf eine Wurzel der Stauden-Päonie *Paeonia lactiflora* vermehrt. Eine Stauden-Päonie muß ganz knapp unter die Erdoberfläche gepflanzt werden, und viele machen den Fehler, mit der

Strauch-Päonie genauso zu verfahren. Das Ergebnis ist, daß die Unterlage wächst und das aufgepfropfte Edelreis abstirbt, so daß dem Gärtner nur eine gewöhnliche Pfingstrose bleibt. Bei einer gepfropften Strauch-Päonie sollte die Verbindungsstelle zwischen Unterlage und Pfropfreis mindestens 10 cm unter der Erdoberfläche liegen. Dann kann das Reis eigene Wurzeln bilden, und die Unterlage stirbt ab. Ein Mißachten dieser Regel führt häufig zu Mißerfolg.

Außer dieser einfachen Bedingung verlangt die Strauch-Päonie nicht viel vom Gärtner. Das ideale Klima ist eines mit heißem Sommer und ziemlich kaltem Winter. Das kontinentale Klima Europas entspricht in etwa demjenigen, in dem in China die kultivierten Strauch-Päonien gut gedeihen. In Nord- und Zentralfrankreich, den Niederlanden, Süddeutschland, der Schweiz und Österreich fühlen sie sich wohl. Das Klima der Britischen Inseln ist im Sommer nicht heiß genug und im Winter wahrscheinlich auch eher zu feucht-kalt. Unter diesen Voraussetzungen entwickeln sich die Pflanzen schwächlich und sind dadurch anfälliger für Krankheiten, als es sonst der Fall ist.

Im europäischen Klima gedeiht die Strauch-Päonie überall dort gut, wo sie reichlich Sonne bekommt. In Gegenden mit heißen Sommern wächst sie auch im Halbschatten unter Laubbäumen nicht schlecht. Wenn sie allerdings den ganzen Sommer über im tiefen Schatten steht, so verkümmert sie nach und nach. Hervorragend wiederum wächst und blüht sie am Fuße einer nach Norden gerichteten Wand, wo sie wenig oder gar kein direktes Sonnenlicht bekommt, vorausgesetzt sie hat freien Himmel über sich. In Gegenden mit Spätfrösten ist das sogar ein idealer Standort, weil die Blüten nach einer Frostnacht nicht durch die Morgensonne leiden.

Was den Boden anbelangt, so ist alkalischer Boden vorzuziehen, wenn auch nicht unbedingt notwendig. Die Pflanze wächst auch in neutraler und sogar leicht saurer Erde. In stark sauren Böden allerdings fühlt sie sich nicht wohl, und die Mindestanforderung wäre hier eine Beimischung von Kalk oder alkalischem Dünger. Bei feuchtwarmem Wetter ist die Strauch-Päonie anfällig für Pilzbefall. Wie der lateinische Name *Paeonia suffruticosa* – d. h. halb-strauchig – bereits aussagt, ist das Holz der Strauch-Päonie nicht wirklich hart. Darum ist es ganz natürlich, daß von Zeit zu Zeit Teile einer alten Pflanze absterben, was nichts mit Krankheit zu tun hat. Dem Pilzbefall kann man mit dem Sprühen von systemischen Fungiziden beikommen, und zwar sofort, wenn der Austrieb beginnt – etwa im Februar – und auch später noch in gewissen Abständen. Der einzige bei Strauch-Päonien erforderliche bzw. zulässige Schnitt betrifft das Ausschneiden abgestorbener oder kranker Zweige.

Der Wachstumszyklus der Strauch-Päonie ist ungewöhnlich; das ist zweifellos auf die klimatischen Bedingungen in den Bergen ihrer westchinesischen Heimat zurückzuführen. Die Knospen der Blüten und Triebe bilden sich bereits im Sommer in den Blattachseln. Sie beginnen sehr früh im Jahr zu schwellen, bei mildem Klima im Januar, bei rauherem im März. Das Wachstum erreicht dann enorm schnell 30–40 cm, und es bilden sich fünf bis sieben Blätter. Wenn die Pflanze kräftig genug ist, wird der obere von drei Trieben eine Blüte tragen.

Die Blütezeit der Strauch-Päonie dauert in den meisten Gegenden von Mitte April bis Mitte Mai. Manche Varietäten blühen bemerkenswert früh, so z. B. IMA MURASAKI (Seite 93) und TAMA FUYO (Seite 117), andere wiederum später. Die amerikanischen Hybriden mit Genen der *Paeonia lutea* und *Paeonia delavayi* blühen allesamt später als die japanischen. Dadurch verlängert sich die Blüteperiode um etwa zwei Wochen. Die späteste von allen ist REGENT (Seite 83). Wenn die Blütezeit vorbei ist, sollten die Köpfe sofort abgeschnitten werden, es sei denn, man will die Samen zur Vermehrung nutzen. Doch davon später.

Nach der Blüte findet oberirdisch für den Rest des Jahres kein Wachstum mehr statt, das heißt, etwa von Ende April bis zum Laubfall im Herbst. Jedoch ist die Pflanze während dieser langen Zeit nicht untätig. Sie bereitet für das kommende Jahr Triebe und Blütenknospen vor, und im Boden vergrößert und kräftigt sich das Wurzelsystem stetig, um für die nächste Blüteperiode gerüstet zu sein. Bevor die Strauch-Päonie ihre Blätter verliert, gibt es jedoch eine Ruhepause ab Ende August. Während dieser Zeit, die vier bis sechs Wochen dauert, sind die Wurzeln ziemlich inaktiv, und die Pflanze braucht nur wenig Wasser. Daher ist der

September und frühe Oktober die einzige Zeit im Jahr, zu der man sie mit befriedigenden Ergebnissen umsetzen kann. Eine Ausnahme bilden natürlich die in Töpfen gezogenen Pflanzen. Während dieses Zeitraums kann man sie sogar mit nackten Wurzeln über weite Distanzen transportieren, ohne daß sie Schaden nehmen. Das ist zu keiner anderen Zeit des Jahres möglich.

Sobald die Pflanzen wieder in der Erde sind – draußen oder im Topf –, beginnen die Wurzeln unverzüglich für die kommende Vegetationsperiode zu wachsen und werden zunehmend aktiver, bis im späten Winter oder frühen Frühjahr der Austrieb von neuem beginnt. Zu dieser Zeit mag der Gärtner vielleicht mit der Gartenschere um seine Pflanzen herumwandern und versucht sein, sie ein wenig zu stutzen, damit sie schön kräftig werden, so wie er es bei den Rosenhochstämmen hält. Wenn er das tut, wird er die Blüten wegschneiden, die sich in wenigen Monaten entfaltet hätten, und er bekommt nichts als hübsche, grüne Blätter!

Das liegt daran, daß sich die Blüten der Strauch-Päonie in den obersten ein, zwei oder drei Knospen bilden, die in den Blattachseln der vorjährigen Triebe sitzen. Die unteren Knospen entwickeln sich entweder gar nicht, oder sie treiben nur Blätter. Will man die Pflanzen niedriger halten, z. B. in windigen Gegenden, so kann man folgendermaßen verfahren: Man schneidet nach der Blüte die verwelkten Köpfe ab und knipst Anfang Juni vorsichtig die für das nächste Jahr vorgebildeten Knospen aus den obersten zwei oder drei Blattachseln heraus. Die Blätter selbst müssen stehenbleiben, um die Pflanze den Sommer über zu versorgen. Aus den Knospen weiter unten entstehen daraufhin Blüten anstelle von Blättern. Im Herbst, wenn die Pflanze die Blätter abgeworfen hat, kann man dann das Triebstück abschneiden, dessen Knospen man entfernt hat.

Doch dies ist ein diffiziles Unternehmen, dessen Erfolg davon abhängt, daß man so früh wie irgend möglich damit anfängt. Dadurch verschafft man den unteren Knospen die Zeit, sich noch zu Blütenknospen zu entwickeln. In meinem eigenen Garten bin ich glücklicher Besitzer großer Strauch-Päonien und mache selten von der oben beschriebenen Methode Gebrauch.

Im frühen Frühjahr treibt die Strauch-Päonie außerordentlich schnell und kräftig und benötigt darum Nährstoffe. Im September kann man einen Universaldünger, eventuell mit Langzeitwirkung, in den Boden bringen und im Februar vielleicht noch einmal einen Schnelldünger. Bei neutralem oder saurem Boden ist das Hinzufügen von etwas gemahlenem Kalk ratsam.

Die Anzucht von Strauch-Päonien aus Samen

Der Züchter macht sich den Prozeß der geschlechtlichen Vermehrung zunutze. Er wählt eine männliche und eine weibliche Pflanze aus, kreuzt sie und wartet dann gespannt und fasziniert auf das Resultat. Dieses Warten auf eine neue Blüte kann leicht sieben Jahre dauern, da ist einige Geduld erforderlich. Doch wenn der Prozeß einmal in Gang gekommen ist, gibt es jedes Jahr etwas Neues. Denjenigen, die sich mit dem Gedanken tragen, Strauch-Päonien aus Samen zu ziehen, sei gesagt, daß es wichtig ist, sehr gute Elternpflanzen zu wählen und eine klare Vorstellung davon zu haben, was man erreichen möchte, wenn sich die Zucht lohnen soll. 2000 Jahre lang haben sich die fähigsten Züchter Ostasiens mit der Verbesserung der Strauch-Päonien befaßt. Da sind die meisten Möglichkeiten ausgeschöpft. Eine Ausnahme bildet PAEONIA SUFFRUTICOSA ROCK'S VAR., von der schon einmal die Rede war. Diese wilde Spezies ist bisher noch nicht als Elternpflanze genutzt worden, weder von den Chinesen noch von den Japanern. Als sie in meinem Garten inmitten meist japanischer Hybriden wuchs, war damit zu rechnen, daß aus ihrem Samen eine

Menge herrlicher neuer Pflanzen entstehen würde. In diesem Fall waren meine Bienen die ›Heiratsvermittler‹, wenn sie auch nicht gerade vorhatten, Pflanzen zu veredeln. Ein Beispiel, was auf diese Weise zustande kommen kann, ist DOJEAN (Seite 4) mit mächtiger, reinweißer Blüte. Dabei hat sie die Erbanlagen von Rocks Päonie mit der weißen Kapsel und den dunkelpurpurnen Farbmalen und die der Vaterpflanze HINODE SEKAI (Seite 75) mit ihrer karmesin-scharlachroten Färbung.

Die Samen der Strauch-Päonien reifen im August/September. Sie sollten sofort ausgesät werden, da sie sehr ölhaltig sind. Wenn sie austrocknen, keimen sie nicht. Man kann sie gleich ins Freiland säen. In meinem Garten säen sich die Strauch-Päonien an allen möglichen Plätzen selbst aus. Gibt man die Samen in Töpfe, müssen diese über Winter draußen stehenbleiben, damit die Saat – wie in der freien Natur – dem Frost ausgesetzt ist. Einige werden im März des nächsten Frühjahrs zu keimen beginnen, jedoch nicht alle, denn manche keimen erst im übernächsten Jahr. Wahrscheinlich sichert dieses Verhalten das Überleben der Art. Wenn also die Keimung im ersten Jahr ausbleibt, wird sie vielleicht im folgenden glücken.

Die Fotografie der Strauch-Päonien

In meinem Garten wachsen etwa hundert Strauch-Päonien, vor allem japanischer Abkunft, aber auch viele amerikanische *lutea*-Hybriden. Sie sind das ›Material‹, mit dem Josh Westrich arbeitete, als er die Bildtafeln für dieses Buch vorbereitete. Meine Päonien stehen in einem Garten, dessen ökologisches Gefüge im wesentlichen auf exotische Pflanzen abgestimmt ist, inmitten von mehr als 9000 anderen Arten und Sorten.

Meiner Meinung nach ist es merkwürdig, aber doch unverkennbar, daß die Päonien auf den Fotografien – besonders in der überdimensionalen Vergrößerung – weit mehr subtile Schönheit und mannigfaltigere Details und Strukturen zeigen als andere Blumen. Ich glaube nicht, daß dies Zufall ist. Es erscheint mir durchaus denkbar, daß es den japanischen Spezialisten nach intensivem Studium von Generation zu Generation und ebenso langer Auswahl gelungen ist, diese Qualitäten in ihre Pflanzen hineinzuzüchten. Sie haben einen Stammbaum, der es mit dem des japanischen Kaisers aufnehmen kann, und sie übertreffen an Raffinement alle anderen Blumen, die in den frühen Künsten vorkommen, wie etwa die Iris und die sogenannte Pflaumenblüte der Heian- und späteren Literatur. Sie haben einen derartigen Reichtum an subtiler und exquisiter Schönheit ererbt, die man beim Betrachten der lebendigen Pflanze nur zum Teil zu entdecken und zu würdigen vermag. Es bedarf tatsächlich fotografischer Studien und Vergrößerungen, um den ganzen Zauber dieser Blumen zu offenbaren. Seltsam – und eigentlich traurig – ist die Vorstellung, daß wir uns heute durch die Kunst der Fotografie an den Schönheiten von Details und Strukturen erfreuen können, die sich den Schöpfern und Züchtern, die so lange an ihrer Vervollkommnung gearbeitet haben, nie enthüllten.

Die Namen der Strauch-Päonien

Vor dem Zweiten Weltkrieg war es möglich, einige hundert berühmte Päonien-Klone im japanischen Handel zu erwerben. Als aber nach dem Krieg die Subventionen für die Landwirtschaft enorm erhöht wurden, verlegten sich viele Betriebe, die zuvor Päonien gezogen hatten, auf Nutzpflanzen. Heute wäre es schon schwierig, 30 Sorten zu bekommen, obwohl in Tempelgärten und privaten Sammlungen, die auch weiterhin Züchtungen vornehmen, noch eine viel größere Anzahl unter der Schirmherrschaft der Japanischen Botan-Gesellschaft bewahrt wird. Viele meiner Pflanzen, die für dieses Buch fotografiert wurden, kamen aus Amerika, und als sie blühten, stellte sich heraus, daß sie den angegebenen Namen nicht entsprachen. Die nachträgliche Identifizierung war ungemein schwierig, und Experten mögen bei dem einen oder anderen Bild nicht mit uns übereinstimmen.

Eine weitere Schwierigkeit gab es bei der Übersetzung der Namen jener Klone, die wir gegenwärtig kultivieren. Die Mehrdeutigkeit der japanischen Sprache beim Benennen von Farben und Formen war ein ziemliches Problem für uns. Wie groß z. B. war meine Aufregung, als mir ein japanischer Freund eine Anzahl Glyzinien für meinen Garten mitbrachte, neue Varietäten, die ich nie zuvor gesehen hatte. Eine davon trug den Namen SHOWA BENI FUJI. Ich bat um die Übersetzung und erhielt die Auskunft: Showa = Regierung des derzeitigen Herrschers, Fuji = Glyzinie, Beni = rot. Eine rote Glyzinie. Ich konnte mein Glück kaum fassen. Aber als die Pflanze dann blühte, zeigte sie ein wunderschönes tiefes Rosa. Ich schickte meinem Freund ein Foto, das die Farbe genau wiedergab, und fragte ihn, ob ich die richtige Pflanze bekommen hätte. »Aber sicher«, war die Antwort, »diese Farbe nennen wir ›beni‹.« Die Erklärung dafür ist, daß das Wort ›beni‹ für eine ganze Reihe von Farben steht – von Scharlach- bis Rosarot.

Die Vieldeutigkeit der Wörter im Japanischen läßt unterschiedliche Übersetzungen zu; z. B. kann ›fuji‹, das in vielen Päonien-Namen vorkommt, sowohl die Glyzinie, die Farbe der Glyzinie als auch den berühmten Berg meinen. Fuji Jama kann also Glyzinienberg heißen, aber auch glyzinienfarbener Berg, was unserer bescheidenen abendländischen Meinung nach nicht das gleiche ist. Aber die Japaner lassen uns die Wahl. Wenn meine Botan-Pflanzen Ende September aus Japan eintreffen, tragen sie Etiketten mit Kanji-Schriftzeichen. Eine Japanerin kommt, um sie freundlicherweise ins Englische zu übersetzen. Eine vorstellbare Unterhaltung zwischen uns könnte folgendermaßen verlaufen: Atzuko: »›Shiro‹ in diesem Namen bedeutet etwas Weißes. Vielleicht einen Mann mit weißem Haar . . . vielleicht einen schneebedeckten Berg . . . vielleicht einen weißen Vogel.«

Peter: »Aber was davon ist es?« Atzuko: »Wer weiß!« Peter: »Aber was meinte der Mann, der diesen Blumen den Namen gab?« Atzuko: »Vielleicht wollte er Ihnen die Wahl lassen.« An diesem Punkt ist der schlichte Abendländer gut beraten, wenn er aufgibt und seiner Pflanze einfach ein Schild mit dem japanischen Namen in römischen Buchstaben anhängt.

Trotz – oder vielleicht sogar gerade wegen – dieser Schwierigkeiten ist die Namensgebung japanischer Pflanzen, insbesondere der Botan, eine reizvolle Aufgabe. Die Japaner, die aufgrund des Shintoismus mit der Natur eng verbunden sind, sehen ihren Garten mit Wesen aller Art belebt, die für uns unsichtbar sind. Da ist z. B. der freundliche Drache: Ryu. SHIN SHIUNRYU bedeutet ›Junger Drache in Purpurwolken‹ (Seite 84). Bewacht wird der Garten von einer ganzen Sippschaft von ›Blumenlöwen‹, den Jishi. AKASHI JISHI bedeutet ›Löwe von Akashi‹ (Seite 78). Viele Botan-Blüten beschwören liebenswerte Bilder herauf. Ein wunderschöner Ring von rosa Farbmalen im Herzen einer weißen Blüte läßt die Japaner an junge Mädchen denken, die sich im Reigen drehen: NIIGATA OTOME NO MAI – ›Tanzende Mädchen von Niigata‹ (Seiten 54 und 59). Die Poesie japanischer Pflanzennamen ist eine Quelle ständigen Entzückens. Zu meinem Bedauern muß ich berichten, daß der Besitzer eines englischen Gartenbaubetriebs Strauch-Päonien importierte und diesen Schildchen mit seinem Firmennamen anhängte und Wörter wie ›Ruhm‹, ›Stolz‹ und dergleichen dazusetzte. Ich hoffe, daß dieser längst verstorbene Vandale jetzt in einer Hölle für

Gärtner schmort. Wir sollten uns an die schöne japanische Namensgebung halten, um so zu vermeiden, daß die ohnehin herrschende Konfusion noch größer wird.

Unseren Problemen bei der Benennung von Hunderten von Varietäten wäre abgeholfen, wenn wir eine illustrierte Monographie besäßen, ähnlich der des verstorbenen Dr. Shuichi Hirao über die japanische Iris. Ryoji Hashida, der Präsident der Japanischen Botan-Gesellschaft, ist stets bereit, Botan-Züchtern außerhalb Japans behilflich zu sein, und hat uns freundlicherweise bei der Identifizierung einiger Varietäten für die Bildtafeln dieses Buches beraten. Er hat bereits eine erste Kollektion seiner Botan-Fotografien veröffentlicht, aber nur mit japanischem Text. Er teilte mir mit, daß eine endgültige Ausgabe mit englischem und japanischem Text vor dem Abschluß steht und voraussichtlich 1990 erscheint. Das wird dann das maßgebliche Handbuch für den Spezialisten sein, mit Fotos und Beschreibungen von 304 Varietäten und vielen historischen und technischen Details. Dieses Werk wird alle unsere Probleme beenden und es im übrigen erforderlich machen, eine große Anzahl von Pflanzenetiketten neu zu beschriften.

Die Bedeutung der japanischen Namen

Akashi Jishi	Löwe von Akashi
Eno Sugata	Anmutiges Bildnis
Godaishu	Riesige Kugel
Hana Kisoi	Wettstreit der Blumen
Hare Sugata	Eleganz
Higurashi	Zwielicht
Hino Tsukasa	König der Scharlachtöne
Hinode Sekai	Welt der aufgehenden Sonne
Ima Murasaki	Neuer Purpur
Jitsu Getsu Nishiki	Brokat wie Sonne und Mond
Kamada Fuji	Kamada-Glyzinie
Kamada Nishiki	Himmel bei Sonnenaufgang
Kao	König der Blumen
Kenshunmon	Tor der Weisen
Koku Un Ryu	Schwarzer Drache

Mure Garasu	Krähenschar
Niigata Otome No Mai	Tanzende Mädchen von Niigata
Nishiki No Tsuja	Glanz des Brokats
Ofuji Nishiki	Glyzinienfarbener Brokat
Renkaku	Flug der Kraniche
Shiho Den	Purpurner Schatzpalast
Shima Nishiki	Insel-Brokat
Shima No Fuji	Insel-Glyzinie
Shimane Haku Gan	Weiße Wildgänse
Shin Kumagai	Neue geistliche Musik
Shin Shiunryu	Junger Drache in Purpurwolken
Shintenchi	Himmel und Erde, neu erschaffen
Suigan	Weinseliges Gesicht
Sumi Zome	Schwarze Päonie
Tama Fuyo	Juwelenbesetzter Lotos
Tama Sudare	Juwelenbesetzter Wandschirm
Ten'i	Fee
Tsukasa Jishi	König der Löwen
Yachiyo Tsubaki	Lange Kamelienhecke

Kamada Nishiki

Shin Kumagai

Kenshunmon

Paeonia suffruticosa Rock's var.
UK-Form

Hana Kisoi

HINO TSUKASA

OFUJI NISHIKI

Siehe folgende Doppelseite
OFUJI NISHIKI

TAMA SUDARE

SHIMA NISHIKI

Shintenchi

Angelette

NIIGATA OTOME NO MAI

HIGURASHI

Siehe folgende Doppelseite
HIGURASHI

Varietät ohne Namen

Niigata Otome No Mai

Paeonia lutea Hybride

Ann Marie

SHIMANE HAKU GAN

SHINTENCHI

Siehe folgende Doppelseite
SHINTENCHI

Black Pirate

Shimane Haku Gan

Silver Sails

Hare Sugata

Akashi Jishi

Renkaku

Siehe folgende Doppelseite
Renkaku

Age of Gold Hinode Sekai

Souvenir de Maxime Cornu

Shima No Fuji

Akashi Jishi

Koku Un Ryu

Siehe folgende Doppelseite
Koku Un Ryu

Varietät ohne Namen

Regent

Shin Shiunryu

Jitsu Getsu Nishiki

SHIHO DEN

SAUNDERS LUTEA HYBRIDE

Siehe folgende Doppelseite
SAUNDERS LUTEA HYBRIDE

Paeonia suffruticosa Rock's var.
Arnold Arboretum-Form

Mure Garasu

Daffodil

Ima Murasaki

TEN'I HESPERUS

Siehe folgende Doppelseite
HESPERUS

Kamada Fuji

Nankeen

Gauguin

Varietät ohne Namen

HEAVEN SENT

SHINTENCHI

Siehe folgende Doppelseite
SHINTENCHI

Madame André Devillers

Eno Sugata

Golden Emperor

Nishiki No Tsuja

GODAISHU

SUMI ZOME

Siehe folgende Doppelseite
SUMI ZOME

Varietät ohne Namen

Kao

Tsukasa Jishi

Tama Fuyo

Ofuji Nishiki

Suigan

GAUGUIN